宁夏枸杞为什么神奇

主编　杨森林

图书在版编目（CIP）数据

宁夏枸杞为什么神奇 / 杨森林主编. -- 银川：阳
光出版社, 2024. 10. -- ISBN 978-7-5525-7523-1

Ⅰ. S567.1-49

中国国家版本馆CIP数据核字第2024MS1770号

宁夏枸杞为什么神奇　　　　　　　　　杨森林　主编

责任编辑　马　晖
封面设计　马春辉
责任印制　岳建宁

黄河出版传媒集团
阳　光　出　版　社　出版发行

出　版　人　薛文斌
地　　　址　宁夏银川市北京东路139号出版大厦（750001）
网　　　址　http：//www.ygchbs.com
网上书店　http：//shop129132959.taobao.com
电子信箱　yangguangchubanshe@163.com
邮购电话　0951-5047283
经　　　销　全国新华书店
印刷装订　宁夏云成印刷包装有限公司
印刷委托书号　（宁）0031067

开　　本　889mm×1194mm　1/12
印　　张　10.5
字　　数　160千字
版　　次　2024年10月第1版
印　　次　2024年10月第1次印刷
书　　号　ISBN 978-7-5525-7523-1
定　　价　168.00元

编委会

（以姓氏笔画为序）

目录 | Contents

第二章　神奇的宁夏枸杞

第五章　宁夏枸杞食用方法

第六章　宁夏枸杞前世今生

第七章　中华瑰宝千年传承

第八章　诗词歌赋源远流长

第九章　守正创新造福人类

第一章 独特的地理环境与人文条件

1. 独特的自然环境

宁夏地处北纬 37° ——这是世界上公认为的植物生长的黄金线。法国的波尔多就是地处北纬 37° ，当地所产的葡萄酿造出的法国葡萄酒久负盛名，是世界公认的葡萄美酒。日本新潟也在北纬37°，当地所产的水稻，是世界一流的水稻。宁夏地处北纬 37° ~ 38° ，这个黄金纬度带从中南部清水河流域到沿黄宁夏平原，包括宁夏原州区、彭阳县、泾源县、隆德县、海原县、同心县、沙坡头区、红寺堡区、中宁县、青铜峡市、利通区、永宁县、贺兰县、平罗县、惠农区等地。在这个北纬黄金纬度上种植出的枸杞，就如同在法国波尔多种植出的葡萄、日本新潟种植出的水稻一样，举世闻名。

2. 独特的地理环境

　　宁夏有河流、高山、沙漠、草原、平原、峡谷、丘陵……中国可以见到的地貌类型，宁夏几乎都有。这种独特的地理环境，使得宁夏成为中国最多彩的地区之一：北有贺兰山阻挡了来自西伯利亚的冷空气南侵，南有六盘山延缓了暖湿气流北上。黄河穿过黑山峡进入宁夏中卫境内，流速放缓，先向东流经黄河中上游形成第一个自流灌溉区"卫宁平原"，而后北上穿过青铜峡谷，进入平坦宽阔的"银川平原"（亦称"银吴平原"）。这两大平原亦称"宁

夏平原""宁夏川""塞上江南"，素有"天下黄河富宁夏"的美誉。黄河流经宁夏沙坡头区、中宁县、青铜峡市、利通区、灵武市、永宁县、兴庆区、金凤区、西夏区、贺兰县、平罗县、惠农区等 12 个市、县（区），整个流程接近 400 千米（397 千米），在石嘴山北面的三道坎流出宁夏。宁夏引黄古灌区范围达 8 600 平方千米，总灌溉面积 982 万亩。在这土地肥沃、灌溉方便的独特地理环境里种植枸杞，形成了它得天独厚的特色。

3. 独特的土壤条件

宁夏黄河流域经几千年黄河泥水冲刷、沉积形成了土层深厚的灌淤土，土壤富含有益微量元素。据中国地质调查局网站登载（发布时间2013-09-17）："宁夏发现的富硒区不仅面积较大、含量浓度适中，而且土壤地球化学基准值和背景值反映出本区土壤当前主要呈'原生态'的自然状态……适合开发富硒等特色农产品。"宁夏回族自治区政协十一届五次会议48号提案及相关资料表明，宁夏土壤中硒含量平均值为0.285毫克/千克，作物中硒含量平均值为0.072毫克/千克，与国家粮食标准硒界定指标0.04～0.30毫克/千克对比，处于富硒水平；宁夏富硒土地资源主要分布在卫宁平原、银川平原及清水河流域。宁夏农林科学院相关研究初步表明，枸杞中硒的含量与多糖的含量呈正相关。

4. 独特的水资源条件

　　发源于六盘山脉的清水河经过须弥山后形成了独特的苦咸水质，矿化度极高，一般为 2 ～ 7 克 / 升，最高达 19 克 / 升。这是宁夏境内流入黄河最大、最长的支流，在宁夏枸杞核心产区中宁县与黄河汇合，黄河的泥沙与清水河矿物质一起，淤积形成了富含矿物质的卫宁平原，进而形成土层深厚的宁夏平原，土壤pH 7.2 ～ 8.2，枸杞就生长在这富含矿物质的肥沃土壤中。同时，得益于秦、汉时期开辟的引黄灌溉系统，如七星渠、秦汉渠、唐徕渠等。这样的骨干渠系至今已经发展到 25 条，再加上星罗棋布的支渠斗渠，在"卫宁平原"和"银川平原"漫延浇灌，如同叶脉滋润着叶片般地滋润着宁夏这片沃土。它提供了源源不断的丰富营养，孕育出了独特品质的枸杞，千百年来誉满华夏大地。

宁夏枸杞为什么神奇

9 第一章 独特的地理环境与人文条件

5. 独特的降水条件

　　宁夏西、北、东三面被腾格里、毛乌素、乌兰布和三大沙漠包围，除南部六盘山以外，中部和北部地区属于干旱半干旱地区，常年干旱少雨，年降水量200毫米左右，年平均蒸发量在1 214.3 ～ 2 803.4毫米，降水量与最大蒸发量相比约有10倍的差距。宁夏农林科学院研究表明，较少的降水量与较多的蒸发量，有利于植物营养成分的积累；适度的灌溉对枸杞多糖含量增加有利。基于此，宁夏这种独特的降水条件，为宁夏枸杞活性成分的积累，提供了独特的有利条件。

6. 独特的光照条件

　　宁夏位于中国西北内陆地区，中国三大气候区却在此交会过渡。

　　宁夏地跨东部季风区、西北干旱区，西南部靠近青藏高寒区。日夜温差大，光照时间长，全年日照达到 3 000 小时。宁夏气象局提供的数据表明，宁夏枸杞产区 6—8 月采果苗期昼夜温差 8.9 ~ 14.2 ℃。有研究表明，枸杞成熟前一个月平均相对湿度与枸杞多糖含量呈正相关，而宁夏枸杞产区空气湿度为 42.86% ~ 77.44%，这也是宁夏枸杞品质神奇的原因之一。

7. 独特的管理优势

宁夏在枸杞生产上自古就积累了一定的管理优势。新世纪以来，宁夏回族自治区有关部门和当地党委、政府不断建立完善枸杞产业扶持政策，2016 年专门成立了宁夏枸杞产业发展中心——隶属宁夏林业和草原局。宁夏农林科学院先后成立了宁夏枸杞研究所、宁夏枸杞科学院、国家枸杞工程研究中心等。特别是 2021 年 6 月 21 日，由宁夏科技厅联合宁夏农林科学院、宁夏林业和草原局倡导发起，并联合南京中医药大学、南京理工大学等高校、科研院所及宁夏枸杞企业参与共建，挂牌成立了中国枸杞研究院。中国枸杞研究院成立后开展了枸杞科研及管理的一系列工作，主持制定了枸杞生产技术规程（地方标准），使宁夏枸杞产业实现了良种良法配套和规范化、规模化、集约化、绿色化栽培。

8. 独特的人才优势

宁夏枸杞之所以神奇，与人才辈出有着直接关系。每一代人才均有独特的建树。20世纪40年代，枸杞之乡的张佐汉发现的枸杞优良品种"大麻叶"，开启了人工选育枸杞良种的先河。时至今日，许多枸杞新品种仍然以"大麻叶"及其后代为母本。在枸杞的修剪上，张佐汉首先发明了"伞式"修剪法，接着发明了"三层楼"修剪法。

宁夏枸杞科技工作者秦国峰与爱人一起常年深入枸杞之乡宁夏中宁县，经过研究探讨，总结出了一整套枸杞病虫害防治方法，为枸杞病虫害防治提供了技术支撑。枸杞优良品种培育者钟鉎元，深入枸杞之乡中宁县10多年，培育出了宁杞1号、宁杞2号等枸杞优良品种，极大地提升了宁夏枸杞的质量和产量；并且培育出了一大批枸杞育种方面的人才，为宁夏枸杞的优质高产，作出了不可磨灭的贡献。枸杞之乡中宁县枸杞科技工作者胡忠庆扎根基层一辈子，在枸杞种植农户的田间地头，反复试验，最终成功实现了现代枸杞栽培的技术转型。宁夏"枸杞种植创新与改良研究团队"首席专家曹有龙博士，带领团队在宁夏枸杞多个领域取得了重大突破。宁夏还与全国各地科研机构和高校合作，在枸杞之乡建立了"苏国辉中宁枸杞（天宁）院士工作站"宁夏枸杞糖肽研究方面，取得突破性进展。

指导传统枸杞栽培技术的张佐汉　（拍摄于 20 世纪 70 年代）　照片提供者：杨月凤

9. 独特的品种优势

宁夏枸杞在品种选育方面有着独特的优势：1949—1989年，宁夏先后选育出大麻叶、小麻叶、宁杞1号、宁杞2号4个优良品种；1990—2010年，选育出无籽枸杞、宁杞3号、宁杞4号、宁杞5号、宁杞6号、宁杞7号、宁杞8号、宁杞菜1号等11个新品种；2011—2020年，选育出宁杞9号、宁杞10号等新品种。特别是1985年宁杞1号培育成功，实现了平均单产200千克/亩；2002年，宁杞菜1号成为第一个叶用枸杞品种，开创了规模化种植叶用枸杞的先河；2009年，宁夏首次发现了枸杞雄性不育株，选育出宁杞5号，使枸杞的平均单果质量达到1克，为大果型枸杞的选育提供了亲本。2010年，宁杞7号带动了枸杞产业的第二轮品种更新。2013—2021年，宁夏完成了枸杞全基因组测序，筛选出核心种质资源和优异育种材料，挖掘开发了一批参与调控自交不亲和、花色苷合成、枸杞糖脂代谢的枸杞功能基因，绘制出枸杞主要农艺性状的QTL遗传图谱，建立了种质资源评价体系和SSR分子标记早期鉴定筛选技术，从分子水平指导枸杞育种工作，使枸杞新品种选育进入高速发展阶段。目前，全国90%的枸杞种苗由宁夏繁育。

10. 独特的种植优势

　　宁夏枸杞种植具有传统的独特优势。古时候，人们通过垄埂排沟，将枸杞树种植在垄埂上，给枸杞园灌满水，用木制的"水铣子"往枸杞树身上泼水，既给枸杞根部灌溉了水，又用水泼落了枸杞树身上的害虫。这种一举多得的传统枸杞种植技术，一直延续到20世纪70年代末。民国年间，宁夏流行的枸杞树"伞式"修剪法——将枸杞树修剪成伞状样式，便于通风、光照、结果；接着又发明了"三层楼"修剪法——将枸杞树修剪成三层平台形状，如同三层楼一般，枸杞结果有了新突破。20世纪80年代，宁夏又推陈出新推广了枸杞现代种植新方法——当年种植，当年结果，第三年进入盛果期的良种良法标准化配套栽培技术。

　　（本章部分数据材料由曹有龙博士提供）

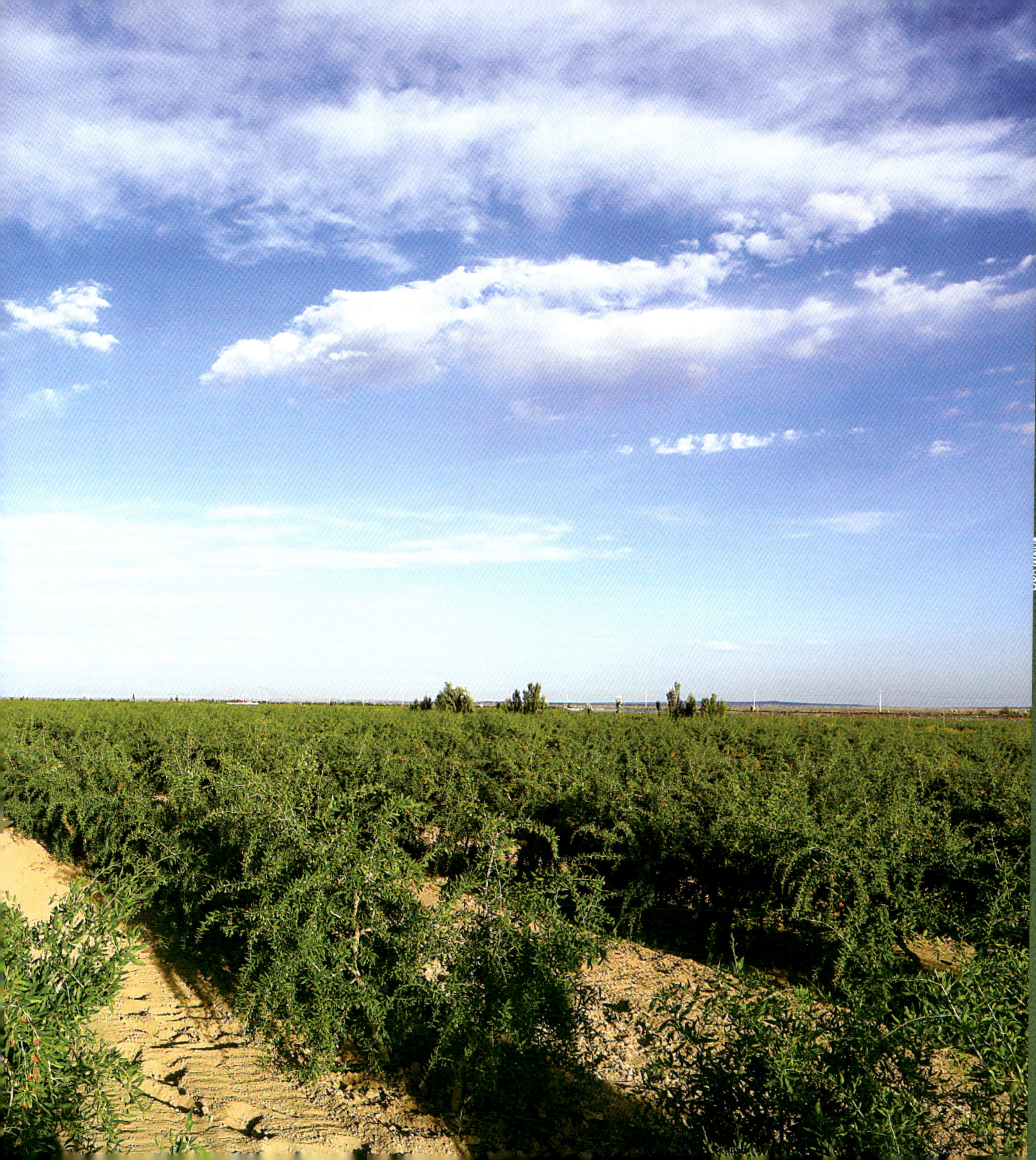

第二章　神奇的宁夏枸杞

11. 枸杞浑身是宝

宁夏枸杞是茄科枸杞属植物，结出的成熟果实俗称枸杞，作为中药材叫"枸杞子"。果、叶、籽、花、粉、皮、根，均是养生保健的极品和药用上品，自古备受推崇。李时珍《本草纲目》记述枸杞"甘平而润，性滋而补，能补肾、润肺、生精、益气、此乃平补之药。""枸杞主治五脏内邪气、热气、消渴、风痹及湿症；久服坚筋骨，轻身不老，耐寒暑补精气不足。"

《本草纲目》记载枸杞浑身是宝："春采叶，名天精草；夏采花，名长生草；秋采子，名枸杞子；冬采根，名地骨皮。"

"天精草"——别名地仙苗，富含蛋白质、胡萝卜素及人体必需的十八种氨基酸等营养成分。性味苦、甘、涩，可补虚益精，清热、止渴、祛风、明目、养颜，治虚劳，发热，烦渴，目赤昏痛，障夜盲，崩漏；

"长生草"——易容颜，肤增白；

"枸杞子"——性味甘平，可滋肾，润肺、补肝，明目，治肝肾阴亏，腰膝酸软，头晕，目眩，目昏多泪，遗精等；

"地骨皮"——别名仙人杖，内含桂皮酸，多量酚类物质，甜菜碱，性味甘淡，寒，可清热，消毒止渴，凉血，坚筋，强阴补正气，治虚劳潮热盗汗，肺热咳喘，吐血、血淋、高血压，高血糖，中风，腰痛，痛肿，恶疮，小便不通等。

明朝倪朱谟在汇集了各类医书的《本草汇言》中称枸杞子："气可充，血可补，阳可生，阴可长，火可降，风可祛，有十全之妙焉。"

12. 马永汉——百岁老人出新牙

枸杞之乡宁夏中宁县原新堡乡新堡一队百岁老人马永汉，早年开始吃枸杞，身体健壮，是一个富有传奇色彩的人。97岁那年的一个早晨醒来，感觉原来掉光了的牙床上，有一层硬邦邦的东西。他用手去扳怎么也扳不下来。对着镜子一看，吓了一跳——嘴里竟然长出了一嘴新牙！他用手再去扳，还是扳不动。他叫醒了自己60多岁的老伴。老伴说什么也无法相信，但扳着看时真的是满嘴新牙——这新牙与正常人牙齿唯一的不同是泛着微微的黄色，用手怎么扳都不摇不动，吃东西与年轻人的牙齿一模一样能咬能嚼。

吃枸杞晚年长出新牙——没有人能够相信！医学家不相信——找到马永汉，看见一嘴新牙，说是医学无法解释。科学家不相信——找到马永汉，看见一嘴新牙，科学无法解释。

1989年，宁夏广播电台记者杨森林和刘鲁彦给中央人民广播电台采制《中国各地》节目，到马永汉家里采访，记者与马永汉进行了这样的对话——

记者：你是哪年生的？

马永汉：我是光绪元年生的。

记者：您是属啥的？

马永汉：我是属牛的，8轮子牛，就是96岁……鼠大牛2、虎3、兔4、这又是4年，整100岁……我是6月11日的生日。

记者：整100了，那您身体还好吗？

马永汉：好着呢。这个腿短了一点点，是抗日带下的伤。

记者：您还参加过抗日战争？

马永汉：抗了8年……我从小吃枸杞，身板子健壮，早年给马鸿宾父亲当手枪队长，在北京打过八国联军……响应孙中山号召，参加过推翻清政府的战争，打过北洋军阀，参加过抗日……还当过马鸿宾81军乐队指挥……解放前夕，全军起义参加了解放军。60岁才第一次娶了老婆。先后娶过6房老婆——女人熬不过我嘛……最后就定居在枸杞之乡宁夏中宁县新堡乡了。

记者：你现在的新牙是怎样长出来的？

马永汉：我原来牙老了，掉得只剩下4个大牙了，吃东西得慢慢拔着吃。到了97岁那年，没有任何征兆，一夜工夫就长了满嘴新牙。

记者：您现在长的牙是什么样子？让我看看可以吗？

马永汉：你看，都是墩墩牙。

记者：你这齐墩墩的牙，还挺整齐的，吃硬东西怎么样？

马永汉：吃啥都行，别人吃不动的东西，我都能吃得动。

记者：这个苹果，你吃一下怎么样？

马永汉：嗨，这随便（吃苹果声）。

记者：哎哟！那要是平常吃肉啃骨头怎么样？

马永汉：他们啃不动的，我都能咬得动。

记者：你有什么饮食习惯？

马永汉：就是一辈子吃枸杞。

记者：身体其他方面怎么样？

马永汉：我知道你们的意思——你俩刚刚悄悄商量想问啥，我听着了——我耳朵灵着哪！我给你说，男人看他行不行，就看他早晨尿尿能不能打透一铁簸箕炉灰，要是能打透，保证没问题。

记者：那你怎么样？

马永汉：我能打透两铁簸箕炉灰——厉害着呢！

马永汉老伴：你个老不正劲的！你咋啥都胡说呢呀？

马永汉：唉，实话实说嘛……吃枸杞就是厉害嘛！

众人：哈哈哈……

（材料来源：《七彩人生》作者杨森林，1994年11月，三秦出版社）

13. 李青云——250 岁健步如飞

四川奇人李青云 250 岁时有过一段自述：我 139 岁那年，还没有遇到我的师父之前，我也能轻身、健步、有点功夫，于是便有人怀疑我是神仙、剑客，我当时只觉得好笑。我活到现在还能健步如飞，那是因为我 50 岁那年入山采药，遇见一位老者，他在深山大岩之上健步如飞，我拔腿飞奔怎么也追不上他。过了一段时间在山涧又遇见他，我跪地向他求教怎样才能像他一样健步如飞？老者掏出一把野果给我说："我不过常吃这个东西而已。"我接来一看——原来是枸杞子。从此我每天吃三钱枸杞子，果然身轻履健，走一百里路也不疲倦，而且气力脚力都胜于常人。

李青云又名陈荫昌，籍贯不详，传说是上海或云南人，自称生于清康熙十七年（1678 年）或十九年，18 岁时随人入山采药，后游历中国的陕西、甘肃、宁夏、新疆，还去过波斯、印度、越南等地，游踪到过岭南、河北、长江两岸各名山胜地。在嘉庆年间（1796—1820 年）移居四川开县。

生平娶妻 24 个（一说 15 个），面色微黄，很有光泽，所谓"泥金面容"。他身材高大健壮，两耳长垂若佛陀。他从 50 岁开始吃枸杞，一生与枸杞相伴，说话气足，音色亮，步履稳健，自称三度换新牙又三度掉牙。每逢闲暇，便如老僧入定，昂首挺胸，两手置于膝上，岿然不动。睡时侧卧，口闭以鼻呼吸，入夜即眠，鸡鸣则起，有时面壁坐禅，可通宵达旦。因手蓄长指甲，左手常套六七寸长的小竹管保护。身上不离枸杞。

开县修志时，为了解李青云生平情况，执笔者特地向料理过李青云后事、时年 80 岁的黎广松老人询问。据黎广松老人介绍，李青云大约在清嘉庆二十五年（1820 年），来到开县陈家场，面容看上去 50 岁左右，但李青云自称 150 多岁。此后，李青云聘请了一个名叫向此阳（生于 1806 年）的 14 岁少年，让少年为其挑药担，随其走街串巷行医卖药，药箱里有枸杞，还教向此阳吃枸杞，向此阳是黎广松的舅爷爷，卒于清光绪二十五年（1899 年），享年 93 岁。当时李青云尚健在。民国时期李青云两次应邀去万县讲长寿之道，精髓仅仅是常年坚持吃枸杞。

四川国民革命军二十军军长杨森以之为奇，特备置全新衣帽供养李青云，并摄像放大，陈列于照相馆橱窗，供民众相传。《开县志》编辑室曾征得名士胡英华先生献出的李青云照片一幅，上书"开县二百五十岁老人李青云肖像，民国十六年春三月摄于万州"。李青云卒于 1933 年，葬于开县长沙镇狮寨村，其后事由黎广松料理。黎广松时年 20 余岁。

（材料来源：杨森林主编的《枸杞通史》，2019 年 6 月，阳光出版社）

李青云遗照

14. 宁夏枸杞是国家唯一入药枸杞

经清华大学等权威部门化验证实，宁夏枸杞所含铁、锌、锂、锗等与人体健康长寿相关的微量元素，含量居全国同类产品之首；多糖含量第一，氨基酸总量最高，尤其是天冬氨酸等五种主要氨基酸居各产区之首。中医药学历来把宁夏枸杞视为上品。1963 年，首部《中华人民共和国药典》明确规定：枸杞子为"宁夏枸杞干燥成熟的果实。"迄今，《中华人民共和国药典》历来的版本均明确宁夏枸杞是唯一入药枸杞。

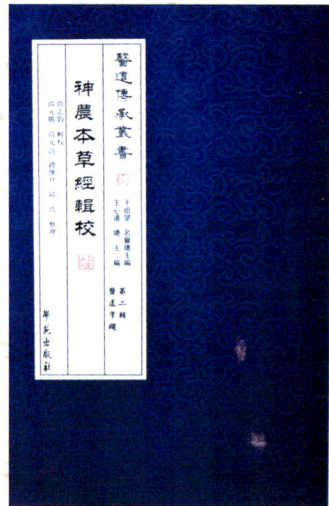

15. 宁夏枸杞补肾的作用

食用枸杞有改善生殖系统的作用。人们在常年的实践中体验到：服食枸杞确有增强性功能的效果。《本草蒙筌》载：枸杞，添精固髓，健骨强精。滋阴不致阳衰，兴阳常使阳举。故而谚云："离家千里，勿食枸杞，亦以其能助阳也。"枸杞对补肾益精的功效可见一斑。

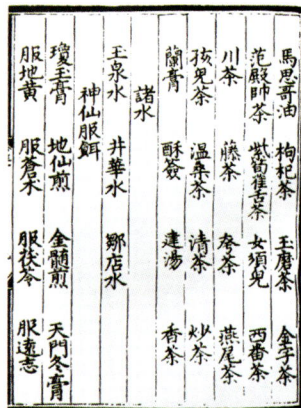

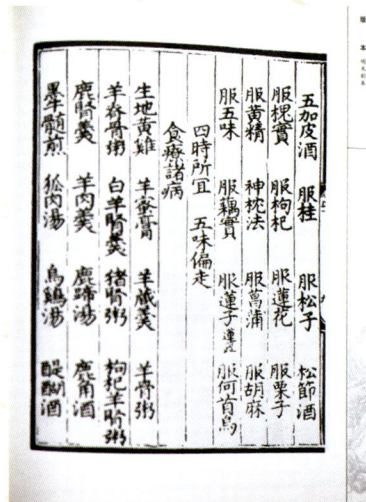

16. 宁夏枸杞保护神经系统的作用

中国科学院苏国辉院士团队经过多年研究发现：枸杞具有保护和修复神经的独特功能，"宁夏枸杞的枸杞糖肽提取量比其他产地的高 3% ~ 4%，而枸杞糖肽可对人类视网膜和视神经进行修复。"科学研究证实：枸杞对于糖尿病患者末梢神经的保护是肯定的，能够降低抑郁症神经衰弱的发生概率。

17. 宁夏枸杞保护心血管系统的作用

枸杞籽油含有不饱和脂肪酸、亚麻酸、油酸高达 90% 以上，并含有磷脂。服用枸杞可以降低总胆固醇，减少血管壁胆固醇沉积，防止血脂异常、动脉粥样硬化等心脑血管疾病。食用枸杞可以有效保护心脏血管内皮，维持血管的弹性，也能抑制心跳，对调整心律不齐有帮助。

GOU QI NI ZHEN CHI DUI L MA
枸杞你真吃对了吗？

1　枸杞是茄科小灌木枸杞成熟果实。枸杞子药食同源的历史悠久，是驰名中外的名贵中药材。

2　中药枸杞子：性平、味甘入肝经、肾经、肺经。

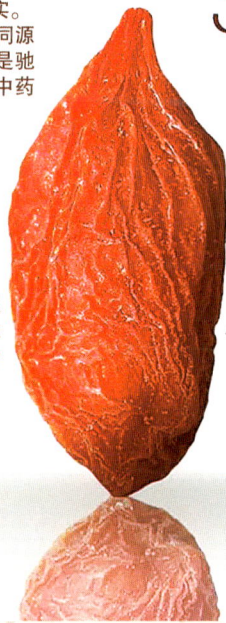

3　《中华人民共和国药典》记载，枸杞用于虚劳精亏腰膝酸痛，眩晕耳鸣。内热消渴血虚萎黄，目昏不明。滋补肝肾，益精明目。

4　枸杞子中含有多种氨基酸，并含有甜菜碱、玉蜀黍黄素、酸浆果红素等特殊营养成分，具有调节免疫的功效。

营养成分

枸杞多糖　维生素　氨基酸　钙　锌　钾　叶黄素　硒　铁　胡萝卜素　甜菜碱　铁　蛋白质

枸杞中含有丰富的枸杞多糖、β 胡萝卜素、硒及黄酮类等抗氧化的物质；8 种维生素，富含 18 种氨基酸及 28 种微量元素。

18. 宁夏枸杞养肝的作用

枸杞含有人体必需的多糖、维生素、多种蛋白质和磷、铁等营养物质。药理研究证明，宁夏枸杞能保护肝细胞的新生、改善肝脏功能，对慢性肝炎的治疗有一定效果。枸杞多糖可以通过调节不同水平的细胞信号转导通路，改善多种急性和慢性肝病，是预防肝炎、肝脏解毒排毒能手。

中药知识库之养生

65. 枸杞子

药性:甘，平。
归经:归肝、肾经。
功效:滋补肝肾，益精明目。
养生:药食同源。

枸杞 明目防眼病 👀
4 大功效别错过

❶ 降血脂、血压

可降低血液中胆固醇的含量，预防动脉硬化、高血压发生

❷ 黏膜修复

含丰富 β–胡萝卜素，可促进黏膜修复，防止细菌入侵黏膜

❸ 明目护眼

含丰富玉米黄素、叶黄素，可保护眼睛黄斑部、晶状体等

❹ 保养护肝

含有抗氧化素：甜菜碱、多糖体，可保护肝脏，预防轻度脂肪肝

19. 宁夏枸杞明目预防近视的作用

枸杞可明目，俗称"明眼子"，因为它养血，所以明目。历代医家用以治疗肝血不足、肾阴亏虚引起的视力昏花和夜盲症。现代研究证明：枸杞多糖对视网膜神经有保护作用，能够提升细胞再生，减少细胞凋亡；降低视网膜水肿，保护视网膜。枸杞果皮含有的玉米黄素对视网膜黄斑衰退症等眼底疾病具有明显疗效，并有效防治青光眼。

20. 宁夏枸杞提高免疫力的作用

枸杞具有很强的补肝、益肾功效，又有降低血压和调节血脂浓度的作用，所以能改善肾、肝、心脏引发的疾病，并促使术后病人尽快恢复。枸杞本身含有 18 种氨基酸、28 种微量元素，还有多糖、脂肪和酶等，既能防病治病，又能补充人体所需，从而使服用者长精神、抗御疲劳、延缓衰老，增强人体的抗病机能，增强人体的免疫能力。

枸杞的功效

滋肾、养肝、润肺、明目、强壮筋骨、改善疲劳、对长期使用计算机引起的疲劳尤为适宜。

宁夏枸杞优势

宁夏枸杞		其他产区枸杞
药用枸杞——延缓衰老、抗氧化		甜、很甜——长胖

颗粒相对显小，果粒饱满，少籽	大小	颗粒大，果实扁平，多籽
呈暗红自然色，果脐处有明显白点	颜色	颜色深红，果脐处无白点或较少
含糖量少，干爽不粘黏，不结块	糖份	糖份含量高，容易粘黏，不易保存易结块
甘甜微苦涩	口感	特别甜、腻
上浮率达到99%	上浮率	上浮率低于80%

21. 宁夏枸杞抑制癌细胞的作用

枸杞子对癌细胞的生成和扩散有明显的抑制作用，对癌症患者配合化疗，在减轻毒副作用、防止白细胞减少、调节免疫功能等方面有明显疗效。枸杞提取液对致癌剂诱导的突变有抑制作用，可以抑制人胃腺癌、宫颈癌细胞生长。枸杞作为一种生物反应调节剂（BRM），通过提升机体的免疫力，增强癌细胞对化疗、放疗的敏感性，能够增加癌症患者对细胞化疗的耐受能力，起到辅助治疗作用。枸杞所含的矿物质微量元素锗为124毫克/千克，对肝癌、肺癌、生殖器癌均有较好的治疗和抑制作用。

22. 宁夏枸杞预防艾滋病的作用

宁夏枸杞富含 18 种氨基酸、30 多种微量元素和多种生物活性碱，其中 β－胡萝卜素、维生素 E 和枸杞多糖的含量，比其他地区生产的枸杞高出 10%～70%。经湖北医科大学和中国医学院等单位临床验证：中宁枸杞富含的上述元素，具有增强人体免疫力、预防艾滋病等独特功效。

23. 宁夏枸杞美容的作用

宁夏枸杞富含丰富的枸杞多糖、维生素、胡萝卜素、黄酮类以及硒元素等，进入人体有抗氧化功效，清除体内多余的自由基，令机体更加年轻。宁夏枸杞可以提高皮肤吸收养分的能力，增加皮肤弹性，起到美白作用。

功效

- 增强免疫力，延缓衰老，消除疲劳抵制癌细胞生长，预防艾滋病，降血脂血糖、抗辐射、耐缺氧、养颜美容！
- 补肾益精、养肝明目，放老人痴呆，防老年黄斑症！
- 肝血不足、肾阴亏虚引起的视物昏花和夜盲症；治疗慢性眼病！
- 补气强精，滋补肝肾、抗衰老、止消渴、暖身体、抗肿瘤！
- 防止动脉粥样硬化，保护肝脏（防止形成脂肪肝、促进肝细胞再生）。

养颜美容　抗衰老　补肾　保护肝脏　明目　抗辐射　枸杞功效

24. 宁夏枸杞抗衰老的作用

传统中医理论认为，枸杞通过补肾而生精血，精生则充髓，骨髓充盛则阴血得以滋生，肝血能随之充盈。所以《本草纲目》说："枸杞，补肾生精……坚筋骨，去疲劳……令人长寿"。因之，枸杞有延年益寿功效，又名"却老子"。因为枸杞有多种维生素和β–胡萝卜素等营养物质，能有效延缓衰老。

25. 宁夏枸杞养生的作用

宁夏枸杞具有延缓衰老、消除疲劳、降血脂血糖、抗辐射、耐缺氧、补肾益精、养肝明目的功能，同时能防治老年痴呆症、老年黄斑症，抑制肝血不足、肾阴亏虚引起的视物昏花和夜盲症，治疗慢性眼病；还可以补气强精、滋补肝肾、抗衰老、止消渴、暖身体、抗肿瘤，兼具防止动脉粥样硬化、保护肝脏（防止形成脂肪肝、促进肝细胞再生）；所以养生价值极高。枸杞花单独泡水或与菊花共饮，可以养肺止咳、明目、补肾；枸杞叶中医称为"地仙"，又名"天精草"，叶全株性凉，味甘苦，具有清热除烦、滋阴明目的作用；枸杞根又称"地骨皮"，具有滋阴补肾、降血糖作用。

第三章　宁夏枸杞的神奇成分

26. 宁夏枸杞功效物质成分

宁夏枸杞含有丰富的枸杞多糖、脂肪、蛋白质、游离氨基酸、牛磺酸、甜菜碱、维生素 B_1、B_2、E、C 等，类胡萝卜素含量很高，还含有大量的钾、钠、钙、镁、铁、铜、锰、锌、硒等矿物元素。枸杞果实还富含甜菜碱、抗坏血酸、烟酸、亚油酸等多种营养成分。枸杞既是植物性滋补品，又是营养性食品。其微量元素——锗有明显抑制癌细胞的作用。

27. 宁夏枸杞多糖

　　宁夏枸杞含有六种多糖：鼠李糖、阿拉伯糖、木糖、甘露糖、半乳糖、葡萄糖。这些多糖的主要功效：增强免疫和免疫调节能力，促进造血功能，保肝降压，降血脂，抗脂肪肝，清除自由基，抗疲劳，抗辐射，增强细胞活性，抗肿瘤，抗衰老。

28. 宁夏枸杞中的氨基酸

宁夏枸杞含有 18 种氨基酸及人体 8 种必需的氨基酸。游离氨基酸占氨基酸总量的一半以上。其中天冬氨酸、谷氨酸、丙氨酸和脯氨酸含量较高。干果中氨基酸总量为 9.5，其中必需氨基酸占总量的 24.74%；鲜果中氨基酸总量为 3.54%，必需氨基酸占总量的 23.67%；枸杞叶中氨基酸为 11.04 毫克，比果实高出 0.56 毫克。

第三章　宁夏枸杞的神奇成分

29. 宁夏枸杞中的生物活性物质和营养元素

　　宁夏枸杞含有大量与生物活性有关的微量元素，如具有抗衰老作用的锌、铁、铜、锗，防治冠心病的铜、锰、镁、钙、钾、锌、铁等。枸杞鲜果维生素 C 的含量一般为 40～80毫克/100克，胡萝卜素含量为 19.61毫克/100克，几乎是所有水果中含量最高者。硫胺素、核黄素、烟酸烟酰胺含量分别为 0.1、0.2、0.7 毫克/100克。B 族维生素是一般鲜果的 3～5 倍，此外还有维生素 E、维生素 D 等成分。

30. 宁夏枸杞中的生物碱、歧化酶和醇类

　　宁夏枸杞主要含生物碱类甘氨酸甜菜碱（Glycithetaine），约占 0.1%，还含有颠茄碱占 0.95%，天仙子胺占 0.29%。超氧化物歧化酶（SOD）是生物体内普遍存在的能消除自由基的金属酶。枸杞果实中 SOD 的活性和比活性都很高。枸杞果实中还有谷醇、胆醇、菜油醇、豆醇等。

31. 宁夏枸杞中的有益脂肪和有机物

宁夏枸杞鲜果粗脂肪的含量一般为 1% ~ 2%，干果实含量 8% ~ 12%。果实中含亚油酸（Linoleic acid），亚麻酸及蜂花酸。饱和脂肪酸主要为棕榈酸（Palmitic acid），不饱和脂肪酸为亚油酸，分别占 38.2% 和 61.8%。枸杞还含有无机盐——硝酸盐和草酸钙。宁夏枸杞味甜与其含糖有关外，还与其挥发性成分有关：宁夏枸杞的果实内主要含有岩蓝茄酮，L-1，2-去氢香附酮，1，2-脱氢 -2- 莎卓酮，茄歪惕酮等挥发性成分。

第三章 宁夏枸杞的神奇成分

第四章　宁夏枸杞产品种类

32. 宁夏枸杞鲜果

　　宁夏枸杞鲜果是从田间枸杞树上采摘下来的原汁原味的鲜果，保持鲜枸杞的本色原味。枸杞鲜果过去只在枸杞园里可以现摘现喂进嘴里，浓郁的枸杞鲜汁、

枸杞皮肉、枸杞籽均是人们的美味。随着现代物流的发展，现在北京、上海、广州、深圳等大城市的餐桌上，都可以见到宁夏枸杞鲜果。宁夏枸杞种植经营者已经开通了枸杞鲜果经营运输渠道。如果您想品尝宁夏枸杞鲜果的特殊味道，可以在互联网上直接下单，通过快递送达您的手中。

33. 宁夏枸杞干果

宁夏枸杞干果是将枸杞鲜果经自然晾晒或人工烘干到水分小于 13% 的天然果实。随着时代进步和人们对卫生条件要求的提高，宁夏枸杞干果基本上告别自然晾晒的历史——枸杞采摘下来直接进入烘干设施，这样避免了自然晾干枸杞过程中，被苍蝇蚊虫、风沙污染的可能，确保了宁夏枸杞的健康卫生。

宁夏枸杞干果是宁夏枸杞主打的传统产品，市场上流行的有普通散包装、精品特殊包装。2019 年以来，一种名为"锁鲜"（赛鲜）的"爆款"枸杞干果产品出现在市场上，它是采用新工艺制干的宁夏枸杞干果，其特点是将枸杞鲜果采用特殊工艺不经过破除果实表面蜡质层制干，从而锁住了宁夏枸杞鲜果原有的一切成分。

34. 宁夏枸杞饮品

宁夏枸杞饮品是宁夏枸杞主打的系列产品之一，尤其是宁夏枸杞原浆——通过现代化技术设备，将宁夏鲜枸杞经机械压榨而成，以它为主导形成的系列产品风靡一时。

还有其他饮品——宁夏枸杞口服液、枸杞水、枸杞清汁（浓缩）、枸杞醋、枸杞全浆、枸杞姜汤、枸杞奶绿、宁夏枸杞粉、枸杞泡腾片、鲜参杞原浆、枸杞果肉汁、枸杞咖啡、枸杞奶茶、枸杞酸梅汤、枸杞叶黄素固体饮料、枸杞酵素、养肝明目饮、精杞饮、宁夏枸杞养生奶、枸杞酸奶、枸杞膏方饮等，可谓百花齐放。

35. 宁夏枸杞茶叶

宁夏枸杞茶是以枸杞果、柄、叶、花为原料，单独或辅以其他中草药调配而成，可分为枸杞绿茶、枸杞红茶等。宁夏枸杞茶与宁夏枸杞一样，含有黄酮苷、香豆精苷、有机酸、甾醇、多酚、生物碱、多种维生素、18种氨基酸，以及钙、磷、铁、锌、锂等30余种元素。饮用宁夏枸杞茶，能够增强人体免疫力，保肝，明目，降低血糖。

36. 宁夏枸杞酒品

传统的宁夏枸杞酒主要有浸泡枸杞酒和生物发酵酒。传统浸泡枸杞酒是在装有白酒的坛子里或瓶子中泡入适量枸杞鲜果或枸杞干果，再适当加甘草和红枣等进行密封保存；生物发酵枸杞酒是对原料处置后加入活化酵母进行前发酵，然后经过压榨除去渣皮，再进行后发酵陈酿和精过滤制成的成品。现代的宁夏枸杞酒类则以新工艺科学研制，枸杞白兰地、枸杞酱酒、枸杞果酒等宁夏枸杞酒极具特色。"每天好一点，健康多一点"的"宁夏红"就是宁夏枸杞果酒类的代表。

37. 宁夏枸杞芽菜

　　宁夏枸杞菜类主要是指以枸杞嫩芽为原料加工而成的菜肴，通常有传统枸杞芽菜与无果枸杞芽菜两种。传统枸杞芽菜就是将新鲜的宁夏枸杞嫩芽采摘下来，放到开水里焯一下，捞出来拌凉菜，或与鸡蛋一起炒作"枸杞芽炒鸡蛋"；无果枸杞芽菜（现代宁夏枸杞菜）是以只开花不结果的宁夏枸杞叶用品中的新鲜枸杞嫩梢嫩叶为原料，经过手工拣选后，用开水焯后制作成预制菜。现在还有脱水枸杞芽菜和速冻枸杞芽菜等。

退骨还绿翡翠鱼
12号

38. 宁夏枸杞保健品

　　宁夏枸杞保健品是宁夏枸杞主打的系列产品，有杞效、枸杞红素、枸杞籽油胶囊、枸杞西洋参饮料、杞籽油亚麻籽油软胶囊、杞动力、杞圣胶囊、杞珍硒宝胶囊、杞珍参葆颗粒、金杞力枸杞提取物颗粒、枸杞叶黄素软胶囊、羊胎盘枸杞胶囊等。

39.宁夏枸杞中成药

宁夏枸杞中成药类比较丰富，有杞菊地黄丸、枸杞子（中药饮片）、地骨皮、枸杞药酒、枸杞益肾胶囊、杞蓉片、益虚宁片、杞菊地黄丸、明目地黄丸等。

40. 宁夏枸杞食品

（1）普通食品：枸杞蜂蜜、枸杞粉、枸杞饼干、枸杞巧克力、枸杞麦丽素、枸杞果麦片酥、枸杞茶麦片酥、枸杞果冻、枸杞酵素果冻、枸杞果脯、枸杞燕麦片、枸杞奶豆、枸杞金丝皇菊（糖片）、枸杞粉丝、枸杞果酥、枸杞果糕、枸杞糕、枸杞水果条、枸杞挂面、枸杞叶菜、枸杞煎饼、枸杞辣椒酱、宁夏枸杞罐头等。

（2）功能性食品（特膳）：枸杞花粉片、枸杞油胶丸、枸杞多糖、酒任爽、枸杞压片糖果、枸杞益生菌片、杞肽、枸杞氨基酸、枸杞维生素、枸杞核糖、枸杞合生元、杞宝枸杞GABA、枸杞全通粉、眼CP枸杞叶黄素固体饮料、枸杞糖肽片、枸杞红素凝胶胶囊、枸杞黄酮片、枸杞蜂花粉、叶黄素酯软糖、枸杞糖肽长双歧杆菌固体饮料等。

41. 宁夏枸杞化妆品

　　红枸杞养颜洗面奶、红枸杞面膜、黑枸杞面膜、枸杞逆龄菁萃原液、枸杞水颜焕彩修润露、枸杞精华胶原精华、枸杞滋润乳液、黑杞人参滋养面膜、枸杞眼贴、枸杞冻干粉精华、枸杞水喷雾、枸杞口红、枸杞肽修护亮眸眼膜、杞肽眼部舒缓喷雾、枸杞隔离霜等。

42. 宁夏枸杞其他滋补产品

枸杞养生滋补品还有枸杞稳糖颗粒、杞仙解郁颗粒、暖胃固本膏、鹿龟仙寿膏、益气养阴降糖胶囊、强肾健脾颗粒、乌杞益白胶囊、菟仙芪黄育嗣丹胶囊、颤宁片、枸熏香等。

43. 宁夏枸杞文创

枸杞根雕、枸杞剪纸、枸杞书法、枸杞绘画、枸杞扑克、枸杞诗词歌赋、枸杞丝巾等。

第五章 宁夏枸杞食用方法

44.怎样食用宁夏枸杞鲜果

宁夏枸杞鲜果原汁较浓，水分较多，味道甜中略带点微微苦涩。如果有条件能够得到宁夏枸杞鲜果，直接喂在嘴里咀嚼，原汁原味，味道鲜美，宁夏枸杞的所有成分都会直接进入人体，这是食用宁夏枸杞最好的方式方法。每年宁夏枸杞成熟变红的时候，不管您是从何方来，也不管您到哪里去，只要下到枸杞园，您尽管直接采摘鲜果往嘴里品尝，主人就是看见了，最多提醒您：不要吃多，不然会流鼻血。原因是宁夏枸杞所含微量元素和营养成分多，人体有接受极限，一般吃宁夏枸杞鲜果，一次性最好不要超过 30 颗，效果比较好。

45.怎样食用宁夏枸杞干果

宁夏枸杞干果传统食用的方法：直接放到嘴里咀嚼，既有宁夏枸杞固有的甜中微微带点苦的味道，又有宁夏枸杞肉质味甘的特殊味感体验。您可以将宁夏枸杞干果，直接放到嘴里咀嚼，每天每次最好只吃 10 颗左右为宜。亦可以泡水、煲汤、煮粥。

46.怎样用开水冲泡宁夏枸杞果

用开水直接冲泡宁夏枸杞鲜果或干果，适合于所有人饮用，尤其适合电脑前的"键盘侠"饮用——由于宁夏枸杞具有抗疲劳、预防抑郁症和明目效果，对老在电脑前工作的年轻人好处多多。宁夏枸杞还可以选择与菊花、红枣、葡萄干一起搭配泡水，效果更好。

第五章 宁夏枸杞食用方法

47. 怎样冲泡宁夏枸杞茶

用开水冲泡宁夏枸杞绿茶、枸杞红茶，均能保存宁夏枸杞叶原有成分。一般根据个人爱好饮用宁夏枸杞绿茶宁夏枸杞红茶。饮用时可同时加10颗左右宁夏枸杞，也可添加红枣、菊花、桂圆、甘草等，用开水冲泡。

48. 怎样酿制宁夏枸杞酒

将宁夏枸杞干果或鲜果直接泡到白酒瓶子里或酒坛里，然后密封 2 周或更长时间，能够溶出宁夏枸杞多糖、粗蛋白、粗脂肪、各种维生素、微量元素。开酒瓶（酒坛）倒出已经变成红色的宁夏枸杞白酒，直接饮用后能够帮助人体造血。因为宁夏枸杞可以滋阴补肾、益气安神、强身健体，而白酒具有温阳的作用，利于活血、疏通全身经脉。故而，用白酒浸制宁夏枸杞，每天喝一两杯，对养身健体，尤其对身体阴虚的人，效果极佳。

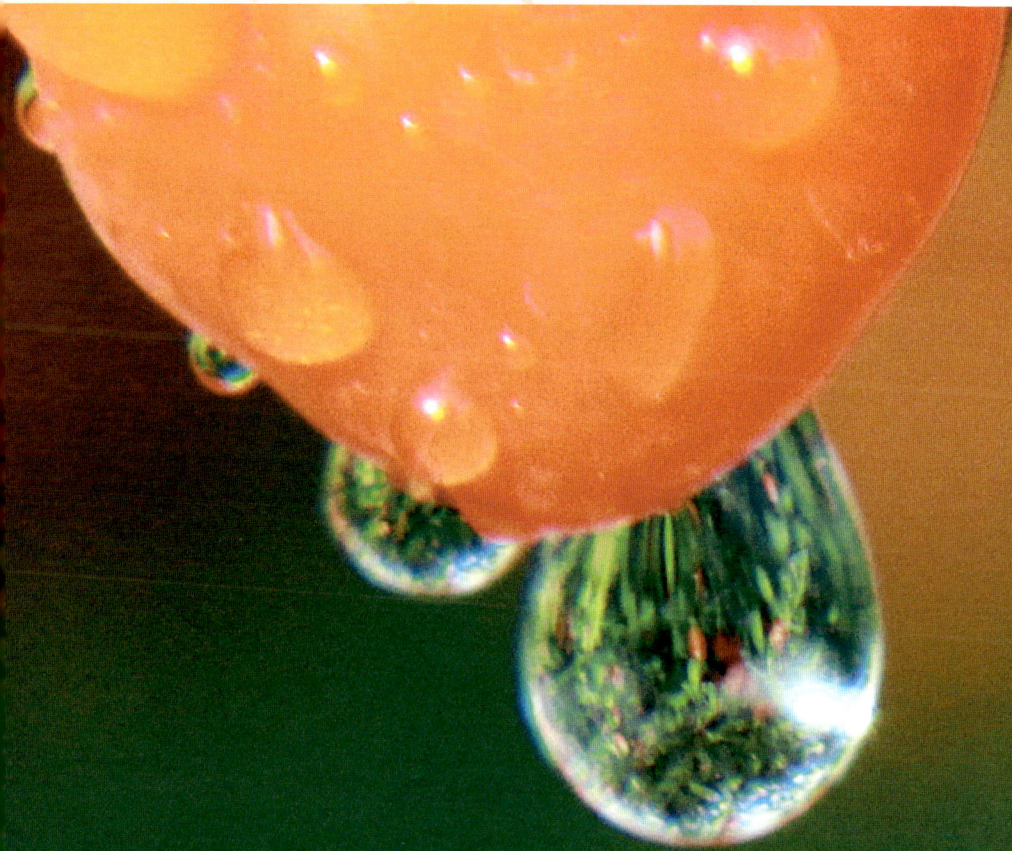

第六章 宁夏枸杞的前世今生

49. 宁夏枸杞何时开始人工种植

　　古豳国建立前后，宁夏香山及其毗邻地区属先周族群的活动范围。周人从其先祖神农氏后稷开始，就学会了种树及五谷杂粮，而从《诗经》歌咏的一些内容来看，枸杞是周朝的重要农作物。据学者推断，种植区应该是宁夏地区，特别是昫卷县（秦汉中宁故地）人工种植枸杞的开始，距今已有 4 000 多年的历史。

第六章 宁夏枸杞的前世今生

50. 宁夏枸杞成名于何时何代

北宋·沈括《梦溪笔谈》说："枸杞，陕西极边生者……根皮如厚朴，甘美异于他处者。"这陕西极边，乃宋代与西夏交界的黄河南岸地，即今天的宁夏中宁中卫一带（1933年前中宁中卫一个县）。由此可见，宁夏枸杞成名于宋代及宋代以前是有案可稽有史书记载的。到了明代，宁夏的四大贡品中，其一就是枸杞。

51. 宁夏枸杞何时成为朝廷贡品

明朝宣德年间（1426—1435年）在宁夏的庆王朱栴纂修第一部宁夏地方志《宣德宁夏志》（1429年），在物产部分就正式记载了宁夏枸杞。弘治十四年（1501年）《弘治宁夏新志》正式将宁夏枸杞列为贡品，进献朝廷——这标志着宁夏枸杞古代品牌的形成，遂闻名于天下。

第六章 宁夏枸杞的前世今生

52. 宁夏枸杞"大麻叶"为何成为优良品种培育母本

大麻叶枸杞叶片像大麻，又大于大麻叶片，所以被发现者叫作"大麻叶"。大麻叶树干枝条长、叶片宽大，果实长圆形，体积比当时的其他枸杞果实大一倍，结果多。经有识者发现，又刻意培植，改良传统圆顶半圆形树形，最后定型为大麻叶枸杞的树形"三层楼"。大麻叶发挥枸杞良种自身的价值，也为今天的枸杞育种者提供了优良母本，如从大麻叶家族中选育新品种——宁杞1号、宁杞4号等。

53. 枸杞优良品种"宁杞1号"是怎么培育出来的

1973年，枸杞育种专家钟鉎元到中宁新堡公社刘营大队蹲点，在刘营三队选出了编号为73002的"大麻叶"最为优枸杞树。经过一系列培育繁殖，1987年通过宁夏回族自治区科委的良种鉴定，定名为"宁杞1号"优良枸杞品种，其特点是"广适、稳产、多抗、优质"，很快被生产单位认可。

54. "宁杞2号""宁杞3号"是怎么培育出来的

利用群体选优技术从"宁杞1号"未推广前的大量群体中，钟鉎元又先后在宁夏中宁（1978）和内蒙古（2001）筛选出了"宁杞2号"和"宁杞3号"两个新品种。这两个品种均由于单一品种种植，落花落果严重，未找到准确原因，而未能得到大面积推广。

宁夏枸杞为什么神奇

67

第六章　宁夏枸杞的前世今生

55. "宁杞4号"是怎么培育出来的

在配合钟鉎元选育"宁杞1号"的过程中,中宁枸杞管理局的胡忠庆、谢施祎与宁夏林业局的周全良利用枸杞全体选优技术,自1985年开始在中宁全县开展了枸杞品种的选优工作。1986年确定1 576个优选单株,通过两年的产量、等级率、落花落果率等数据的观察,确定了30个复选优树,1988—1992年以大麻叶为对照,开展品种对比试验,最终筛选出"宁杞4号"为枸杞优质良品种。

56. "宁杞5号"到"宁杞9号"是怎样培育出来的

有了"宁杞1号"到"宁杞4号"的选育经验,枸杞专家们渐渐获得了优良品种的途径和窍门,开始从发现和选育变异优良枸杞种苗开始,再用合适的优良亲本进行杂交,以获得更为优良的枸杞品种。而在此过程中,除母本取自各个不同地区外,种苗试验几乎都以中宁地区为中心,再扩大到适当的区域,最终从"宁杞5号""宁杞6号""宁杞7号""宁杞8号"到"宁杞9号"均获得成功。

57. "宁杞10号"是怎么培育出来的

2006年、2007年,中宁枸杞局胡忠庆、陈清平等枸杞专家工作者,以"宁杞5号"为母本配置了大量杂交组合,杂交后代定植于中宁县林场。2010年前后,因后续研究资金缺乏,不得不放弃杂交群体的管理,大量的杂交子代遗失。长期在中宁县林场东侧从事枸杞种植和林木种苗木繁育工作的朱金忠,作为有心人,从当时的杂交群体中的较优单株进行了再次筛选,选育出了优良单株,成功培育出了新品种——它就是"宁杞10号"。

第六章　宁夏枸杞的前世今生

58. 枸杞芽菜优良品种是怎么培育出来的

针对枸杞芽菜木质化速度快，难以持久为保鲜的问题，枸杞专家李润淮与安巍在已有的资源中进行了筛选，发现钟鉎元用"88028"（枸杞良种编号）与北方枸杞的杂交子代具有叶嫩、持久的特点，于是他们继续使用"88028"做母本，做大量的杂交工作，从中筛选出了"宁杞菜1号"——该品种的口感得到了广大食客的极大好评。2000年，该品种入选中南海蔬菜种植基地，2002年通过宁夏回族自治区科委组织的成果鉴定。该品种被作为菜用、茶用枸杞新品种。由宁夏杞芽食品科技有限公司购买此专利，制作无果枸杞芽茶、枸杞菜。

59. 宁夏枸杞对中国枸杞产业的贡献

从20世纪60年代起，宁夏枸杞经原产地宁夏中宁县扩种到宁夏固原、银川和河北，逐渐发展到西北各省区。新世纪以来，大量宁夏枸杞推广到青海、甘肃、新疆、内蒙古等地，对当地的农业经济的发展、农民的创业增收和环境绿化，起到了积极作用。

第六章 宁夏枸杞的前世今生

60. 宁夏枸杞核心产区中宁县被国务院命名为"中国枸杞之乡"

1995 年，宁夏中宁县被中华人民共和国国务院命名为"中国枸杞之乡"。

61. 宁夏枸杞核心产区中宁县被国务院确定为"枸杞生产基地县"

1961 年，宁夏中宁县被中华人民共和国国务院确定为"枸杞生产基地县"。

第六章 宁夏枸杞的前世今生

第七章 中华瑰宝千年传承

62.殷商甲骨文里的枸杞

殷商武丁、祖庚、帝乙、帝辛时代，甲骨卜辞里记载枸杞的是这个字：杞（杞）。甲骨文名家罗振玉据《说文解字》释词曰："杞，枸杞也，从木，已声"。

63.《说文解字》解释的枸杞

《说文解字》：枸【卷六】【木部】（枸）枸木也。《说文解字》：释（杞）【卷六】【木部】墟里切，枸杞也。从木己声。

64.《山海经》记载的枸杞

《山海经》的《西山经》里，这样记述枸杞"又西八十里，曰小华之山，其木多荆杞……西次三经之首，曰崇吾之山，在河之南……有木焉，员叶而白柎，赤华而黑理，其实如枳，食之宜子孙。"据专家考证，书中的"崇吾之山"即现在宁夏中卫市中宁县东南部的红梧山及沙坡头区的香山一带。

第七章 中华瑰宝千年传承

65.《神农本草经》记载的枸杞

《神农本草经·卷一·上经》记载：枸杞"味苦，寒。主五内邪气，热中，消渴，周痹。久服坚筋骨，轻身，不老。"枸杞子"主养命以应天，无毒，多服、久服不伤人。欲轻身益气，不老延年者"，须常服枸杞。"枸杞主五内邪气，热中消渴，周痹风湿，久服坚筋骨，轻身不老，耐寒暑，下胸肾气，客热头痛，补内伤，大劳嘘吸，强阴，利大小肠，补精气诸不足，易颜色变白、明目、定神，令人长寿。"并将枸杞列为中药材"木"类药品中的"上品"。自此后，我国各类药典文献均将枸杞称为"本经上品"。

66.《名医别录》记载的枸杞

枸杞子作为药用最早记载见于《名医别录》。其言：枸杞，生常山平泽及诸丘陵阪岸。冬采根，春、夏采叶，秋采茎、实，阴干。枸杞"根大寒，子微寒，无毒。主治风湿，下胸肋气，客热头痛，补内伤，大劳，嘘吸，坚筋骨，强阴，利大小肠，久服，耐寒暑。"

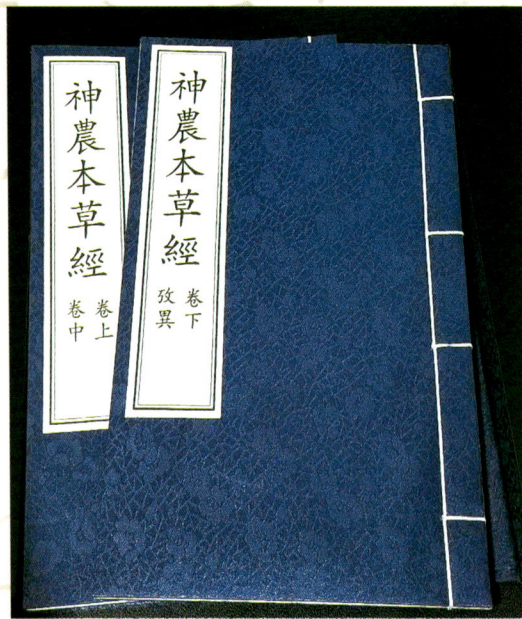

第七章 中华瑰宝千年传承

67.《药性论》记载的枸杞

枸杞，"臣，子叶同说，味甘，平。能补益精诸不足，易颜色，变白，明目，安神，令人长寿。叶和羊肉做羹，益人，甚除风，明目。若渴，可煮作饮代茶饮之。"枸杞，"发热诸毒，烦闷，可单煮汁解之，能消热解毒。又根皮细锉，面拌，熟煮吞之，主治肾家风，良。主患眼风障，赤膜昏痛，取叶捣汁注眼中妙。"枸杞"能补精气之才，易颜色，变白，明目，安神，令人长寿"。

68.《开宝本草》记载的枸杞

《开宝本草》载：枸杞"味苦，根大寒，子微寒，无毒。风湿，下胸胁气，客热，头痛，补内伤，大劳嘘吸，坚筋骨，强阴，利大小肠。"

69.《千金方》《千金翼方》记载的枸杞

《千金方》又称《千金要方》《备急千金要方》，是中国古代中医学经典著作，约成书于永徽三年（652年）。作者孙思邈是唐代著名医药学家。《千金翼方》约成书于永淳二年（683年）是作者集晚年近30年经验，以弥补早期《千金方》知不足，故名"翼方"，《千金翼方·卷第十四·种植药第六》中专门记载枸杞种植方法："种枸杞法：拣好地，熟加粪讫，然后逐长开厬，深七八寸，令宽。乃取枸杞连茎，锉长四寸许，以草为索慢束，束如羹碗许大，于厬中立种之，每束相去一尺。下束讫，别调烂牛粪稀如面糊，灌束子上，令满，减则更灌。然后以肥土拥之满讫。土上更加熟牛粪，然后灌水。不久即生。乃如剪韭法，从一头起首割之。得半亩，料理如法，可供数人。其割时与地面平，高留则无叶，深剪即伤根。割仍避热及雨中，但早朝为佳。

"又法：但作束子作坑，方一尺，深于束子三寸。即下束子讫，着好粪满坑填之，以水浇粪下，即更着粪填，以不减为度。令粪上束子一二寸即得。生后极肥，数锄拥，每月加一粪尤佳。"

"又法：但畦中种子，如种菜法，上粪下水，当年虽瘦，二年以后悉肥。勿令长曲，即不堪食。如食不尽，即剪作干菜，以备冬中常使。如此从春及秋，其苗不绝。取甘州者为真，叶厚（浓）大者是。有刺叶小者是白棘，不堪服食，慎之。"

"凡枸杞生西南郡谷中及甘州者，其子味过于蒲桃。今兰州西去邺城、灵州、九原并多，根茎尤大。"

70.《圣惠方》记载的枸杞

"枸杞子（微寒）"，"枸杞根（大寒）"。枸杞药剂：枸杞子丸方""枸杞子散方""枸杞根散方""枸杞子散敷面方""枸杞自然汁"等。枸杞子酒，主补虚，长肌肉，益颜色，肥健人，能去劳热。

71.《本草蒙荃》记载的枸杞

枸杞，味甘、苦、气微寒，无毒。明眼目安神，耐寒暑延寿。添精固髓，坚骨强筋。滋阴不使阳衰，兴阳常使阳举。谚云：离家千里，勿服枸杞，也以其能助阳也。更止消渴，尤补劳伤。叶捣汁注目中，能除风痒去膜。若作茶啜喉内，亦解消渴强阴。诸毒烦闷善驱，面毒发热立却。地骨皮者，性甚寒凉，即此根名，唯取皮用。经入少阴肾脏，并手少阳三焦，解传尸有汗，肌热骨蒸，疗在表无寒，风湿周痹。去五内邪热，利大小二便。强阴强筋，凉血凉骨。

72.《本草纲目》记载的枸杞

《本草纲目·木部　第三十六卷·木之三》载，枸杞、地骨皮，《本经》上品。"今陕之兰州、灵州、九原以西枸杞，并是大树，其叶厚根粗。河西及甘州者，其子圆如樱桃，暴干紧小少核，干亦红润甘美，味如葡萄，可作果食，异于他处者。""春采枸杞叶名天精草；夏采花，名长生草；秋采子，名枸杞子；冬采根，名地骨皮。枸杞使气可充，血可补，阳可生，阴可长，火可降，风可祛，有十全之妙用焉。"枸杞"滋肾，润肺，明目"。

73.《药性解》记载的枸杞

枸杞子，味苦甘，性微寒，无毒，入肝、肾二经。主五内邪热、烦躁消渴、周痹消渴，下胸胁气，除头痛，明眼目，补劳伤，坚筋骨，益精髓，壮心气，强阴益智，皮肤骨节间风，散疮肿热毒，恶乳酪，解曲毒。

74.《本草汇言》记载的枸杞

《本草汇言》载：枸杞子能使气可充，血可补，阳可生，阴可长，火可降，风湿可去，有十全之妙用焉。"俗云，枸杞善能治目，非治目也，能壮精益神，神满精足，故治目有效。又言治风，非治风也，能补血生阴，血足风灭，故治风有验也。"

75.《景岳全书》记载的枸杞

枸杞，味甘微辛，气温，可升可降。味重而纯，故能补阴；阴中有阳，故能补气，所以滋阴而不致阴衰，助阳而能使阳旺。虽谚云：离家千里，勿食枸杞。不过谓其助阳耳，似亦未必然也。此物微助阳而无动性，故用之以助熟地最妙。其功则明耳目、壮神魂、添精固髓、健骨强筋，善补劳伤，尤止消渴。真阴虚而脐腹疼痛不止者，多用神效。

第七章 中华瑰宝千年传承

80.《西游记》中的"枸杞头"

《西游记》第八十六回描写孙悟空从隐雾山折岳连环洞里救出一个樵夫。樵夫为表感谢，专门设"野菜宴"款待唐僧师徒。宴席的菜单这样写道："但见那嫩焯黄蓿菜，酸整白鼓丁。浮蔷马齿苋，江荠雁肠英。烂煮马蓝头，白烧狗脚迹。猫耳朵，野落荜，灰条熟烂能中吃；剪刀股，牛塘利，倒灌窝螺操帚荠。碎米荠，莴菜养，几品清香又滑腻。油炒乌英花，菱科甚可夸；蒲根菜并芝儿菜，四般近水实清华。羊耳秃，枸杞头，加上乌蓝不用油。几般野菜一餐饭，樵子虔心为谢酬。"这里所写的"枸杞头"就是枸杞芽这道菜。

81.《红楼梦》中的"油盐炒枸杞芽"

我国四大名著《红楼梦》第六十一回写道，探春和宝钗一时性起，要吃"油盐炒枸杞芽"，便花了五百钱，单独请大观园的厨娘刘嫂子帮忙做了一盘"油盐炒枸杞芽"。这道美味菜肴，既爽口又有食疗功能。探春和宝钗喜欢吃"油盐炒枸杞芽"，反映了枸杞芽菜的珍贵与她俩的不俗眼光与文化品位。

第七章 中华瑰宝千年传承

第八章 诗词歌赋源远流长

82.《诗经》中的枸杞

《诗经》305篇，其中歌咏枸杞的至少有10篇。国风1篇，为《郑风·将仲子》；小雅6篇，为《北山》《湛露》《四月》《四牡》《南山有台》《采芑》。这7篇或反映枸杞生产，或将枸杞比兴。而其他3篇《大雅·文王有声》《大雅·生民》《小雅·杕杜》只是描摹景物中提到枸杞。

83. 唐诗中的枸杞

唐诗写枸杞的诗作约有7首。为世人所知的有杜甫的《恶树》，包佶的《答窦拾遗卧病见寄》，刘禹锡的《楚州开元寺北院枸杞临井繁茂可观，群贤赋诗》，白居易的《和郭使君题枸杞》，寒山的《诗三百三首》之七七，皎然的《湛处士枸杞架歌》和孟郊的《井上枸杞架》。

84. 宋词中的枸杞

宋代写枸杞的诗词约有39首。著名的有苏轼《次韵正辅同游白水山》《周教授索枸杞因以诗赠录呈广倅萧大夫》《枸杞》《以黄子木拄杖为子由生日之寿》、黄庭坚《显圣寺庭枸杞》、杨万里《尝枸杞》《晴望》、陆游《玉笈斋书事》《道室即事之二》、蒲寿宬《赋枸杞》、白玉蟾（即葛长庚）《见懒翁》《西湖大醉走笔百韵》、词《水龙吟·层峦叠嶂浮空》、周文璞《既离洞霄遇雨却寄道友》、卓田《送山药与友人》等。

85. 杜甫笔下的枸杞

唐代诗圣杜甫写到枸杞的诗是五言律诗《恶树》：

独绕虚斋径，常持小斧柯。
幽阴成颇杂，恶木剪还多。
枸杞因吾有，鸡栖奈汝何。
方知不材者，生长漫婆娑。

第八章 诗词歌赋源远流长

86. 孟郊笔下的枸杞

　　唐代孟郊的枸杞诗是五言古诗《井上枸杞架》

深锁银泉鹜，高叶架云空。
不与凡木并，自将仙盖同。
影疏千点月，声细万条风。
逆子邻沟外，飘香客位中。
花杯承此饮，椿岁小无穷。

87. 刘禹锡笔下的枸杞

　　唐代刘禹锡写的枸杞诗是七言律诗《楚州开元寺北院枸杞临井繁茂可观，群贤赋诗》

僧房药树依寒井，井有香泉树有灵。
翠黛叶生笼石鹜，殷红子熟照铜瓶。
枝繁本是仙人杖，根老新成瑞犬形。
上品功能甘露味，还知一勺可延龄。

88. 白居易笔下的枸杞

　　唐代白居易的枸杞诗是七言绝句《和郭使君题枸杞》

山阳太守政严明，吏静人安无犬惊。
不知灵药根成狗，怪得时闻吠夜声。

89. 皎然笔下的枸杞

　　唐代皎然的枸杞诗是《湛处士枸杞架歌》

天生灵草生灵地，误生人间人不贵。
独君井上有一根，始觉人间众芳异。
拖线垂丝宜曙看，裴回满架何珊珊。
春风亦解爱此物，袅袅时来傍香实。
湿云缀叶摆不去，翠羽衔花惊畏失。
肯美孤松不凋色，皇天正气肃不得。
我独全生异此辈，顺时荣落不相背。
孤松自被斧斤伤，独我柔枝保无害。
黄油酒囊石棋局，吾美湛生心出俗。
撷芳生影风洒怀，其致翛然此中足。

第八章　诗词歌赋源远流长

90. 苏轼笔下的枸杞

宋代大文学家苏轼的枸杞诗作有4首。

《次韵正辅同游白水山》（节选）

千年枸杞常夜吠，无数草棘工藏遮。
但令凡心一洗濯，神人仙药不我遐。

《周教授索枸杞因以诗赠录呈广倅萧大夫》（节选）

扶衰赖有王母杖，名字于今挂仙录。
荒城古堑草露寒，碧叶丛低红菽粟。
根夏苗秋著子，尽付天随耻充腹。

《枸杞》

神药不自闷，罗生满山泽。
日有牛羊忧，岁有野火厄越俗不好事，
过眼等茨棘。

青荑春自长，绛珠烂莫摘。
短篱护新植，紫笋生卧节。
根茎与花实，收拾无弃物。
大将玄吾鬓，小则饷我客。
似闻朱明洞，中有千岁质。
灵庞或夜吠，可见不可索。
仙人傥许我，借杖扶衰疾。

《以黄子木拄杖为子由生日之寿》（节选）

贵从老夫手，往配先生几。
相从归故山，不愧仙人杞。

91. 陆游笔下的枸杞

宋代诗人陆游的枸杞诗作有两首。

七言律诗《玉笈斋书事》

雪霁茅堂钟磬清，晨斋枸杞一杯羹。
隐书不厌千回读，大药何时九转成？
孤坐月魂寒彻骨，安眠龟息浩无声。
剩分松屑为山信，明日青城有使行。

七言绝句《道室即事之二》

松根茯苓味绝珍，甑中枸杞香动人。
劝君下箸不领略，终作邙山一窖尘。

92. 杨万里笔下的枸杞

宋代杨万里的枸杞诗作有七言律诗《尝枸杞》

芥花菘菜饯春忙，夜吠仙苗喜晚尝。
味抱土膏甘复脆，气含风露咽犹香。
作齑淡著微施酪，芼茗临时莫过汤。
却忆荆淡古城上，翠条红乳摘盈箱。

93. 黄庭坚笔下的枸杞

宋代黄庭坚的枸杞诗是古体诗《显圣寺庭枸杞》

仙苗寿日月，佛界承露雨。
谁为万年计，乞此一抔土。
扶疏上翠盖，磊落缀丹乳。
去家尚不食，出家何用许。
正恐落人间，采剥四时苦。
养成九节杖，持献西王母。

94. "六月枸杞树树红"是谁的诗句

"六月杞园树树红"是清朝宁夏中卫（1933年以前中宁和中卫是一个县）知县黄恩赐写的。黄恩赐（清乾隆时代人，生卒年不详），字素俺，云南永北府（今永胜县）人。乾隆十七年（1752年）进士，二十一年（1756年）任宁夏中卫知县。在任期间，编修《中卫县志》。他的《乐府·竹枝词之四、五》流传至今，成了中宁（当年的中宁枸杞叫宁安枸杞）枸杞名享天下的生动写照：

六月杞园树树红，宁安药果擅寰中。

千钱一斗矜时价，决胜腴田岁早丰。

第九章　守正创新造福人类

95. 苏国辉院士宁夏中宁院士工作站

苏国辉，中国科学院院士，暨南大学粤港澳中枢神经再生研究院院长，香港大学医学院讲座教授，中国脊髓损伤研究协作组董事会联席主席。苏国辉院士团队长期致力于宁夏枸杞在预防医学领域的作用研究，特别是宁夏枸杞在神经科学领域的研究应用。2019 年，苏国辉团队在枸杞之乡宁夏中宁县建立的全国第一家"中宁枸杞（天仁）院士工作站"，研究枸杞糖肽在神经保护、抑郁症、帕金森、眼科疾病等方面的机理。研究结果表明，枸杞多糖和枸杞红素具有保护肝脏和调节免疫功能；枸杞主要成分可保护视网膜神经元；枸杞糖肽具有抗抑郁行为的功效；枸杞多糖对缺血性脑卒中损伤具有保护作用；枸杞糖肽具有高效抗炎、抗病毒和神经保护效果。

96. 王志珍院士团队破解宁夏枸杞功效物质基础作用机理

王志珍是中国科学院生物物理研究所研究员，中国科学院院士。王志珍等院士团队通过对宁夏枸杞科学研究，破解了宁夏枸杞的功效物质基础作用机理：宁夏枸杞多糖对常见肝损伤疾病保护机制；宁夏枸杞糖肽、红素可有效改善视网膜感光细胞，提高视觉行为，对视觉效果的协同保护作用；科学解决"久服坚筋骨，轻身不老……"宁夏枸杞能够增加肌肉耐力和重量、能量产生、能量交换率、线粒体的生物合成及脂肪酸的氧化和产热能力，减少白色脂肪的重量；宁夏枸杞水提物、枸杞多糖具有显著的抗骨质流失、抗衰老、延长寿命的作用。用宁夏枸杞开发了两款针对糖耐量受损的 2 型糖尿病早期人群的"枸杞稳糖颗粒"和针对轻中度抑郁症人群的"杞仙解郁颗粒"。此外，开发了具有自主知识产权，靶向和机制都非常清晰的抗阿尔茨海默病产品。另外，开发了枸杞糖肽系列功能产品。

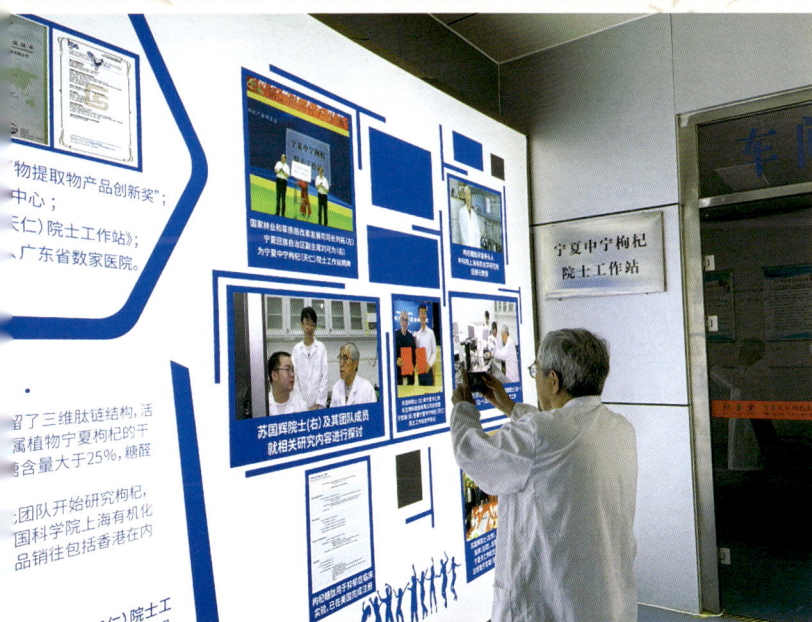

物提取物产品创新奖";

中心;

三仁)院士工作站;

广东省数家医院。

留了三维肽链结构,活
属植物宁夏枸杞的干
合含量大于25%,糖醛

团队开始研究枸杞,
国科学院上海有机化
品销往包括香港在内

苏国辉院士(右)及其团队成员
就相关研究内容进行探讨

中宁枸杞院士工作站

开站会议

宁夏中宁枸杞
院士工作站

97. 张伯礼院士介绍宁夏枸杞

　　张伯礼，中国工程院院士，天津中医药大学校长、中国中西医结合学会副会长、内科教授 。他介绍宁夏枸杞说，枸杞既是中医治疗疾病的良药，也是日常保健的佳品，更是百姓生活中的佳肴，还是地方经济发展的产业、文化传承的载体。

98. 国药大师张大宁介绍宁夏枸杞

　　张大宁是我国第二届国医大师，第六代御医传人，权威国家领导人的保健医生，擅长治疗多种肾病，被誉为"中医肾学的奠基人"。1998 年，国际天文联合会将新发现的 8311 小行星命名为"张大宁"星，这是世界上第一颗以医学家名字命名的小行星。他向世人传授养肾保健，专门介绍宁夏枸杞：枸杞子性味甘平，不热不燥，五脏气阴具补，又可滋阳平肝，安神定惊，明目消翳，强筋壮骨兼有除风祛邪，美容养颜，无任何毒性，久服延年益寿，药食同源上品、佳品，确为"老仙草枸杞子"。

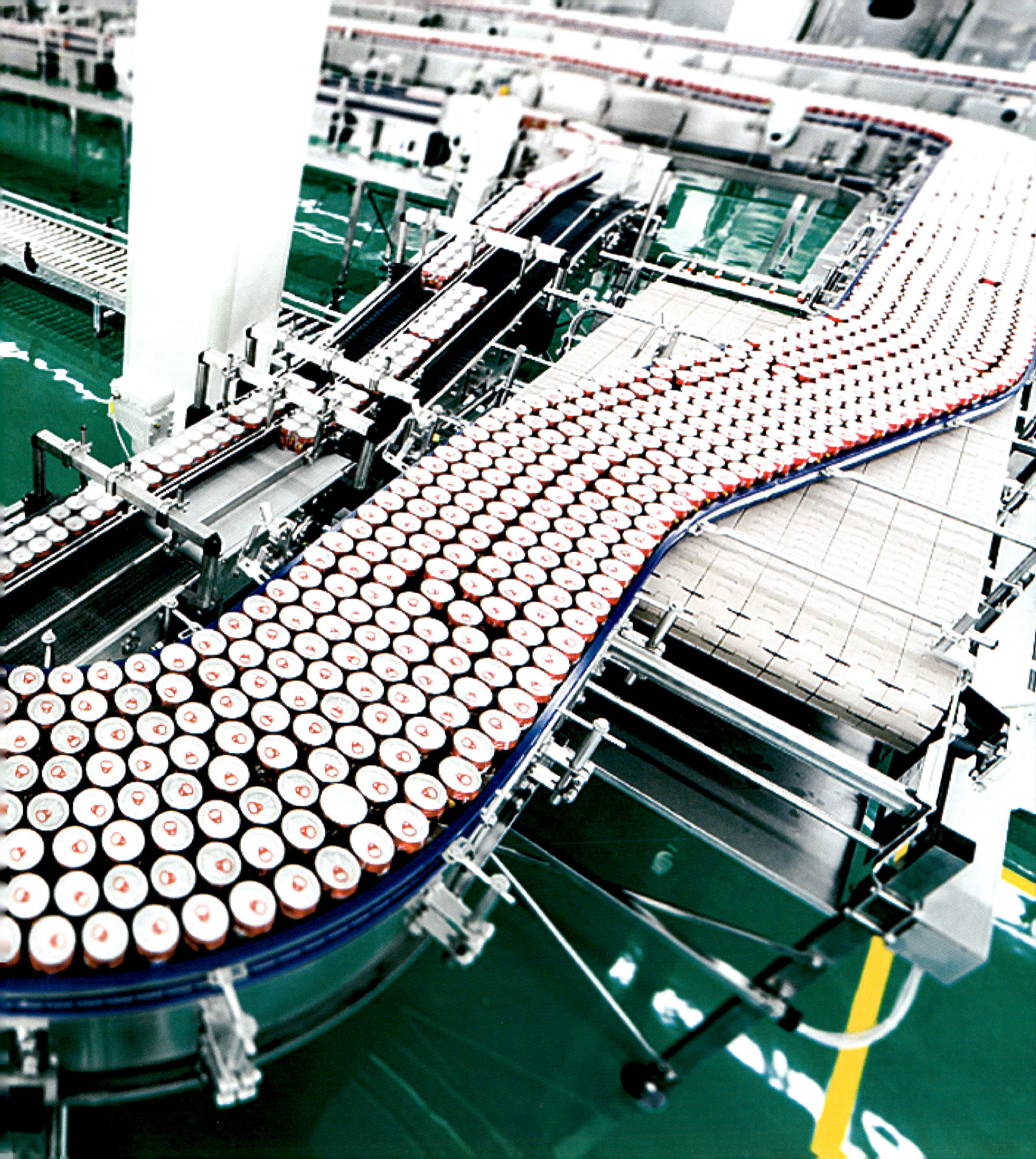

99. 段金廒博士团队研究挖掘宁夏枸杞资源价值及提高其产品附加值

段金廒是南京中医药大学原副校长、教授、博士生导师。段金廒教授团队通过对宁夏枸杞科学研究，证实宁夏枸杞具有强筋骨的作用。研究发现，枸杞及枸杞里的多组分（多糖、枸杞红素）是有效的神经营养保护剂，具有抗衰老作用。枸杞叶在调节高血脂、高血糖等糖脂代谢方面非常有前景。同时，利用药学方面优势，在枸杞叶配伍价值释放和构建枸杞叶国家新药材标准方面有了新突破。

100. 曹有龙博士团队首次破解宁夏枸杞基因组密码

国家枸杞工程技术研究中心曹有龙团队历经十年，创制出枸杞单倍体材料，利用二代、三代及 Hi-C 测序技术完成了枸杞全基因组测序，获得了首个宁夏枸杞基因组数据库，基因组大小 1.67Gb，注释基因 33 581 个，枸杞特有基因 716 个。首次组装出了高质量的枸杞参考基因组，绘制了首个枸杞基因组高质量物理图谱和遗传图谱，定位了果形、叶形、多糖含量性状相关 QTL 位点；系统解析了枸杞属植物的进化和生物地理演化规律；揭示了枸杞自交不亲和的分子机制和关键基因 S-RNase；提出了枸杞细胞壁多糖的生物合成基因模型；解析了黑果枸杞花青素的合成调控机制；挖掘出枸杞黄酮代谢调控的关键基因簇；解析了枸杞对生态适应生长的分子机理；建立了种类与数目最多的枸杞代谢物数据库（1032 种）等。研究成果于 2021 年 6 月公开发表在 Nature 子刊《Communications Biology》。

应用基因组研究成果，建立了杂交群体分子标记鉴定筛选体系，筛选出高自交亲和种质 6 份，高抗种质 12 份，高活性成分种质 14 份；创制高产优质新品系 5 份，取得国家新品种保护 3 个，新品系在全国规模化种植生产中得到广泛应用。

该项成果的取得，在枸杞基础研究方面取得了重大突破，使许多重大发现和标志性成果落户宁夏，抢占了世界枸杞研究制高点，引领全国枸杞产业的发展。该成果的应用将为枸杞产业高质量发展提供重要技术支撑。

参考书目：

［1］《枸杞通史》编纂委员会.枸杞通史［M］.银川：阳光出版社，2018.

［2］杨森林.宁夏枸杞雅集［M］.北京：中国农业科学技术出版社，2018.

［3］杨森林.七彩人生［M］.西安：三秦出版社，1994.

［4］张艳，戴治稼.枸杞化学成分的医疗功能与实用配方精选［M］.银川：阳光出版社，2020.

［5］朱阳，王荣.精选枸杞方三百三十首［M］.银川：阳光出版社，2012.

［6］蒋正国，张万昌.中华枸杞应用宝典［M］.银川：阳光出版社，2016.

［7］董安荣.枸杞实用保健手册［M］.北京：中国中医药出版社，2023.

［8］宁夏回族自治区林业和林草局，国家林业和草原局发展研究中心.中国枸杞产业蓝皮书——中国现代枸杞产业高质量发展报告（2022年）［M］.银川：宁夏人民出版社，2022.

［9］宁夏回族自治区林业和林草局，国家林业和草原局发展研究中心.中国枸杞产业蓝皮书——中国现代枸杞产业高质量发展报告（2023年）［M］.银川：宁夏人民出版社，2023.